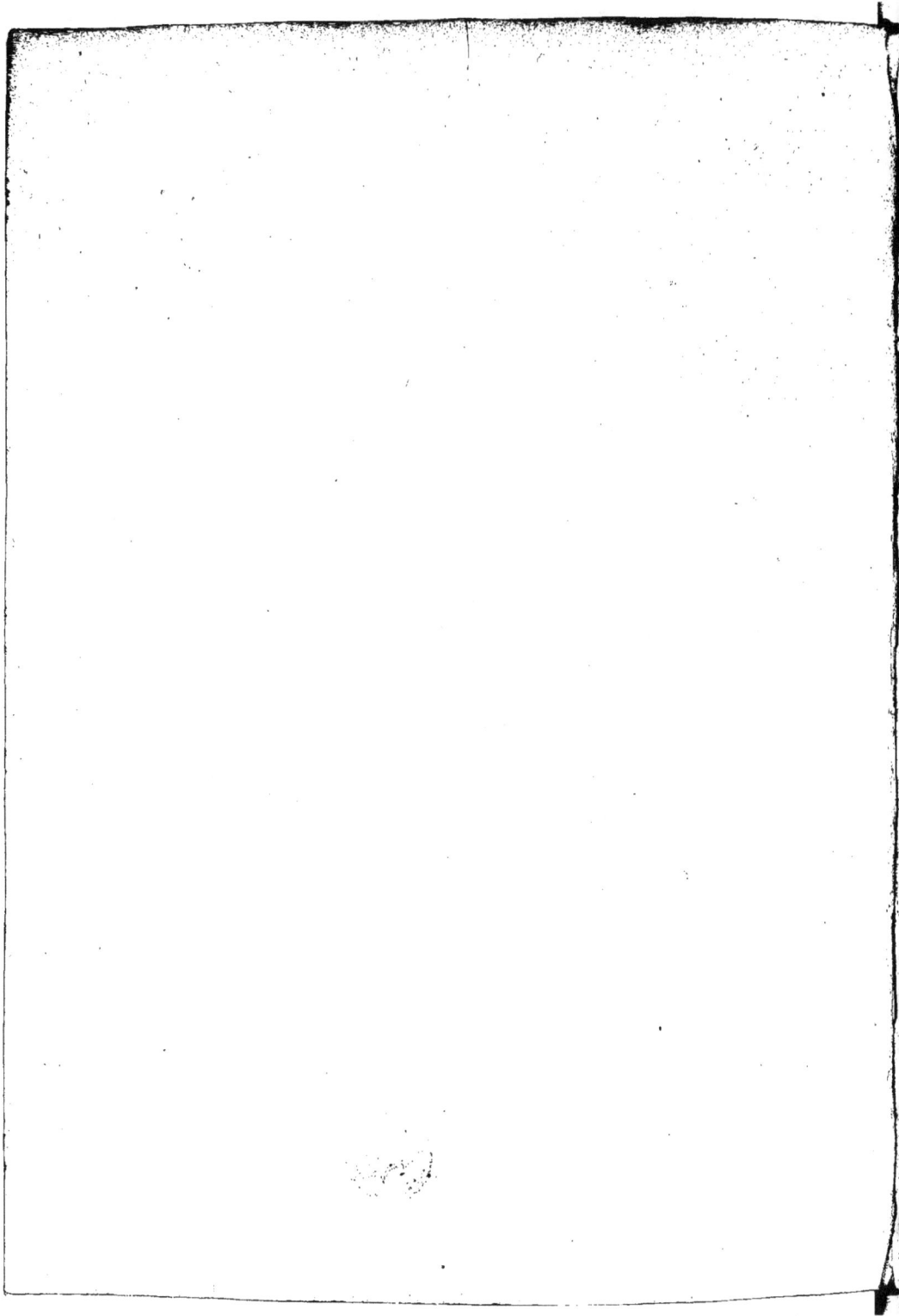

LETTRES PATENTES
AVEC LES STATUTS
POUR L'ACADEMIE
DES
BELLES LETTRES
ETABLIE EN LA VILLE DE CAEN.

A CAEN,
Chez ANTOINE CAVELIER, Imprimeur ordinaire du Roy,
de l'Univerſité, & de l'Academie des Belles Lettres.

M. DCCV.

LETTRES PATENTES

AVEC LES STATUTS

POUR L'ACADEMIE

DES BELLES LETTRES

ÉTABLIE EN LA VILLE DE CAEN.

LOUIS PAR LA GRACE DE DIEU ROI DE FRANCE ET DE NAVARRE : A tous prefens & à venir, SALUT. Notre amé & feal Confeiller d'Etat, & Intendant en baffe Normandie, le Sieur Foucault, dont l'application à nos affaires, & au bien des peuples de la Province où nous l'avons départi pour l'execution de nos Ordres, ne l'empêche pas de vaquer à la culture des Belles Lettres, Nous a remontré que la Ville de Caen a efté de tout temps l'une des Villes de notre Royaume, où les Sciences

A

ont le plus fleuri; que le nombre des Grands Hommes qu'elle a produit, a fait honneur à la France par leurs excellens Ouvrages en tout genre de litterature, dont quelques-uns seront toûjours regardés comme des originaux & des modeles. Il Nous a representé qu'il s'y trouve encore aujourd'hui plusieurs bons Sujets également affectionnés à l'Etude; que cette inclination naturelle a formé de temps en temps dans cette Ville des Assemblées de Personnes sçavantes, dont les conférences étoient tres utiles par l'émulation qu'elles excitent dans les esprits, & par les lumieres qui s'y communiquent des uns aux autres; mais que comme ces Assemblées manquoient de fondement solide, par le défaut de notre autorité, elles ont souvent esté interrompuës: qu'enfin après la mort du Sieur de Segrais, l'un des quarante de notre Academie Françoise de Paris, & dont les Ouvrages font honneur à notre siecle, ayant absolument cessé, le Sieur de Croisilles, President au Presidial de Caen, & Beaufrere dudit Sieur de Segrais, voulant signaler son affection pour les Lettres, & suivre les intentions du défunt, auroit proposé audit Sieur Foucault de renouveller ces Assemblées dans sa maison; ce qui auroit esté fait avec beaucoup de succés, ayant esté prononcé depuis neuf mois que ces conférences ont recommencé, d'excellens discours sur diverses matieres, qui font voir combien il seroit avantageux que ces

exercices continuaffent; & ne fuffent plus sujets à des
interruptions ; ce qui n'arriveroit plus, fi c'étoit notre bon
plaifir d'ériger ces Affemblées en forme d'Academie,
à l'exemple des autres Villes, à qui nous avons accordé
la même grace. A CES CAUSES, pour feconder le zêle
dudit Sieur Foucault, exciter de plus en plus dans la Ville
de Caen cet amour des Sciences, qui l'a renduë fi celebre,
& contribuer à leur perfection, Nous avons de notre grace
fpeciale, pleine puiffance & autorité Royale, permis,
approuvé & autorifé, permettons, approuvons & autori-
fons par ces Prefentes fignées de notre main lefdites
Affemblées & conférences ; Voulons qu'elles foient con-
tinuées dans ladite Ville fous le nom de L'ACADEMIE
DES BELLES LETTRES DE CAEN : Nous avons nommé
& établi pour cette fois feulement ledit Sieur Foucault
pour Protecteur de ladite Academie, laiffant dans la fuite
la liberté d'en élire un aux Perfonnes qui la compoferont,
dont Nous avons fixé le nombre à trente, qui feront
choifis & nommés par ledit Sieur Foucault ; trouvant bon
qu'outre le nombre de trente, il y foit reçû comme furnumeraires quelques perfonnes des Communautés Ecclefiaftiques ou Regulieres de ladite Ville, lefquels furnumeraires ne pourront paffer le nombre de fix. Ordonnons
qu'il y aura un Secretaire perpetuel, que Nous nommons
pour cette fois feulement, & fans conféquence pour

l'avenir ; fçavoir le Sieur Blin, qui s'eſt rendu par ſa capacité recommandable parmi les Gens de Lettres ; laquelle Academie ſe réglera ſuivant les Statuts contenant vingt articles ci attachés ſous le contreſcel de notre Chancellerie. SI DONNONS EN MANDEMENT à nos amés & feaux les Gens tenans notre Cour de Parlement à Roüen, que ces Preſentes ils faſſent regiſtrer, pour eſtre executées, enſemble leſdits Statuts, pleinement, paiſiblement, & perpetuellement, ceſſant & faiſant ceſſer tous troubles & empêchemens au contraire : CAR TEL EST NOTRE PLAISIR. Et afin que, ce ſoit choſe ferme & ſtable à toûjours, Nous avons fait mettre notre ſcel à ceſdites Preſentes. DONNE' à Verſailles au mois de Janvier, l'an de grace mil ſept cens cinq, & de notre régne le ſoixante-deuxiéme. Signé, LOUIS. *Et ſur le repli*, Par le Roi, PHELYPEAUX, *Viſa*, PHELYPEAUX. Et ſcellées du grand ſceau de cire verte.

Leſdites Lettres Patentes ont eſté enregiſtrées és Regiſtres de la Cour, pour joüir par les Impetrans de l'eſſet & contenu d'icelles, ſuivant l'Arreſt de la Cour du dix-ſept Février mil ſept cens cinq. Signé, BREANT.

STATUTS POUR L'ACADEMIE
DES BELLES LETTRES DE CAEN.

I.

L'ACADEMIE sera compofée de trente Perfonnes tirées de tous les Ordres de la Ville, outre lefquels il en pourra eftre choifi jufqu'au nombre de fix des Communautés Ecclefiaftiques & Regulieres de la Ville, qui feront cenfées furnumeraires.

II.

L'ACADEMIE ayant befoin d'un Protecteur pour foûtenir l'honneur & les interefts de la Compagnie, il en fera choifi un par tous les Academiciens conftitué en dignité, & porté à la culture des Lettres, lequel aura la premiere place lorfqu'il fe trouvera aux Affemblées, & préfidera.

III.

DU nombre de ces trente Academiciens il fera élu trois Officiers; fçavoir un Directeur, qui fera annuel; un Secretaire & un Lecteur, qui feront perpetuels.

IV.

LE Directeur préfidera à l'Affemblée en l'abfence du Protecteur, recueillera les voix, répondra aux Difcours

qui fe feront lors de la reception des Academiciens, &
portera la parole dans les occafions où la Compagnie fera
obligée, ou jugera à propos de députer, & fera obferver
les Statuts & la difcipline dans l'Academie.

V.

EN l'abfence du Directeur, celui qui l'aura efté immé-
diatement devant lui, aura la premiere place, & ainfi de
fuite. Le Secretaire fera à l'un des bouts du Bureau vis-
à-vis le Prefident, & le Lecteur à fa gauche. Les autres
Academiciens prendront leur féance comme ils arrive-
ront, & fans diftinction de dignité, de qualité, ni d'âge.

V I.

LE Secretaire tiendra la plume dans les Affemblées ;
aura un regiftre où feront recueillies les deliberations qui
fe prendront par la Compagnie, & generalement tout
ce qui fe paffera dans chaque féance. Il y enregiftrera les
Actes de reception des Academiciens, fera chargé du
Sceau de l'Academie pour en fceller les expeditions qu'il
fera obligé de délivrer ; écrira au nom de la Compagnie
les lettres dont il fera chargé par fon ordre ; gardera les
Actes, regiftres & papiers de l'Academie, & fera generalement tout ce qui eft de la fonction d'un Secretaire.

V I I.

LE Lecteur lira toutes les Pieces qui lui feront remifes
par le Directeur, & les remettra enfuite entre les mains

du Secretaire. Il aura soin des Livres qui seront à l'usage de l'Academie.

VIII.

POUR proceder à l'élection d'un Officier & d'un Academicien, il faudra qu'il y ait au moins les deux tiers de la Compagnie; & que celui qui sera choisi ait les trois quarts des suffrages, & l'agrément du Protecteur. Il n'en sera reçû aucun qui n'ait marqué le desirer; dont les mœurs & la reputation ne soient au dessus de toute exception; qui n'ait vingt-cinq ans, & n'ait donné des preuves de ses talens, & de son amour pour les Lettres.

IX.

LE nouvel Academicien fera le jour de sa reception un discours pour remercier l'Academie, dans lequel il fera le Panegyrique du Roi, & l'Eloge du défunt; le Directeur y répondra.

X.

TOUTES Pieces qui ne tendront point à l'érudition, & qui ne traiteront que de sujets bas & frivoles, feront rejettées comme indignes de l'application de l'Academie; tout ce qui blessera la pudeur & les bonnes mœurs; tout ce qui portera le caractere de l'invective & de la satyre, sera reçû comme un manque de respect pour la Compagnie, & rejetté avec indignation, sans en permettre la lecture.

XI.

ON choisira un Ouvrage qui fera l'occupation ordinaire de l'Assemblée ; les autres Pieces dont la lecture
consommera peu de temps, feront lûës à l'ouverture &
avant la fin de la séance, ensorte que tout le temps qu'elle
durera soit utilement employé.

XII.

LA pureté de la Langue devant estre le principal objet
de l'Academie, les Academiciens ne peuvent donner trop
d'application à l'introduire dans leurs Ouvrages, & à join-
dre à la solidité de l'esprit du Païs, les graces de la diction
pure, & de l'expression correcte ; n'étant pas moins diffi-
cile de perdre l'idiome du Païs natal, que de se défaire des
préjugés de la naissance. La lecture des bons Ouvrages
françois, & une grande attention fortifiée par un long
usage, peuvent seuls arracher des racines, qui croissent dans
toutes les Provinces, & que l'on peut nommer sauvages.

XIII.

CHACUN opinera selon le rang où il sera placé, & lors-
qu'il en sera requis par le Directeur, sans s'interrompre les
uns les autres, & sans blesser les regles de l'honnêteté.
L'aigreur & l'opiniatreté doivent estre bannis des avis,
le cœur ne devant point prendre parti dans les querelles
de l'esprit, & étant de l'ordre que toutes les questions
soient decidées par la pluralité des voix.

XIV.

L'Ouverture de l'Academie se fera le Lundi d'aprés la Saint Martin, par un discours qu'un des Academiciens sera chargé de faire pour remercier le Roi de l'établisse-ment de l'Academie, & pour celebrer les vertus & la gloire de cet incomparable Monarque.

XV.

Les séances de l'Academie se tiendront les Lundis depuis cinq heures de relevée jusqu'à sept.

XVI.

Les séances cesseront au quinze Aoust, pour ne recom-mencer qu'au Lundi d'aprés la Saint Martin.

XVII.

Pour destituer ou interdire un Academicien, il faudra que les deux tiers de la Compagnie y opinent, & qu'il passe de deux voix à la destitution ou à l'interdiction.

XVIII.

Les deliberations de la Compagnie seront tenuës secre-tes; & ceux qui les divulgueront seront privés pour un mois de voix deliberative pour la premiere fois, & d'entrer pendant trois mois dans l'Academie en cas de recidive.

XIX.

Nul des Academiciens ne pourra mettre en lumiere aucun Ouvrage, sans l'avoir auparavant communiqué à l'Academie, & en avoir eu son approbation.

XX.

IL faudra au moins sept Academiciens pour faire une deliberation authentique : si elle a esté prise en moindre nombre, le Secretaire ne la couchera point sur le registre; & seront les deliberations signées sur le registre par le Directeur, & les noms des presens employés dans la deliberation.

EXTRAIT DES REGISTRES
de la Cour de Parlement.

VEU par la Cour, la Grande Chambre assemblée, les Lettres Patentes accordées à Versailles au mois de Janvier dernier, portant Etablissement d'une Academie des Belles Lettres à Caen, dont Sa Majesté fait Protecteur le Sieur Foucault, Conseiller d'Etat, & Intendant en basse Normandie, ensemble les Statuts y attachés; la Lettre du Roi adressée au Parlement, portant date du treize dudit mois de Janvier dernier, par laquelle Sa Majesté ordonne l'enregistrement desdites Lettres & Statuts és registres de la Cour; Arrest d'icelle du jour d'hier, portant, le tout soit communiqué au Procureur General du Roi; Conclusions d'icelui; & oüi le rapport du Sieur de Marguerit de Guibray, Conseiller Commissaire; Tout consideré : LA COUR, la Grande Chambre assemblée, a ordonné & ordonne que lesdites Lettres & Statuts seront enregistrés és registres d'icelle, pour estre executés selon leur forme & teneur. Fait à Roüen en Parlement, le dix-septiéme Février mil sept cens cinq. Signé, BREANT. Collationné, THIERRY.

L'Ouver-

L'OUVERTURE DE LA PREMIERE

Seance de l'Academie a esté faite le 2. Mars 1705. par le Discours suivant, qui a esté prononcé par Monsieur Foucault, Conseiller d'Etat, Intendant de basse Normandie, & nommé par le Roi Protecteur de l'Academie.

LE desir de sçavoir est né avec l'homme : s'il se porte à la recherche de ce qui peut lui estre utile, c'est une inclination loüable ; s'il veut penetrer au delà de la portée de sa vûë, c'est une vaine & temeraire curiosité, dont la connoissance de son néant est le seul fruit, & la confusion de son orgueil la juste punition.

Dieu en créant le premier homme lui avoit communiqué tous les secrets de la Nature, & ne lui avoit rien laissé ignorer de tout ce qu'il devoit sçavoir, pour se servir des tresors dont sa providence avoit rempli la terre.

Cet homme, à peine sorti du limon, veut s'élever jus-

A

ques au Ciel ; il croit pouvoir comprendre ce que son Créateur n'a pas voulu lui révéler, & percer par ses foibles lumieres la voute impénetrable, qui lui cache les secrets de la Divinité.

Ne faut-il pas avoüer, Meſſieurs, que celui qui prétendoit devenir égal à ſon Créateur, a bien merité le châtiment que ſa folle préſomption lui a attiré.

Mais en même temps ne nous ſera-t'il pas permis de déplorer le malheur des deſcendans de ce premier homme, dont la faute s'eſt fait ſentir à ſa poſterité : depuis ſa chute l'eſprit humain a eſté couvert de tenebres, & ce n'eſt qu'à force d'experiences & de reflexions, que les hommes ont pû ramaſſer quelques débris de la ſcience que Dieu avoit communiquée à leur premier pere.

Si c'eſt donc un crime de vouloir pénétrer des miſteres, que l'Autheur de la Nature n'a pas voulu nous manifeſter ; ſi c'eſt une action inſenſée de vouloir percer les nuages épais, qui cachent Dieu aux hommes ; c'eſt un effort juſte & loüable, que de s'appliquer à connoître ce qui nous environne, & qui ne ceſſant point de ſe montrer à nos yeux, ſemble avoir eſté fait pour eſtre le ſujet de nos meditations.

C'eſt ce deſir de connoître, qui a formé les eſprits ſuperieurs, & nés pour inſtruire & conduire les autres : ce ſont eux qui ont fait les loix, & à qui les Sciences & les Arts doivent leurs découvertes & leurs progrés.

C'eſt dans leurs Ecoles que ſe font élevés ces courages magnanimes, ces intrepides Orateurs, dont l'éloquence a ſi ſouvent triomphé de la tyrannie & de l'injuſtice dans les Republiques maîtreſſes du Monde; & fait punir de redoutables criminels, malgré la puiſſance de leurs protecteurs.

Mais quelles loüanges ne meritent point ces beaux Genies, qui ſe ſont les premiers appliqués à l'étude des Belles Lettres; qui ont élevé & cultivé le Mont Parnaſſe; qui y ont fait deſcendre les Muſes, & poli les Sçavans par le commerce de ces divines Sœurs?

Ils doivent eſtre regardés & honorés comme les Fondateurs des Academies; par eux les Sciences ſont devenuës familieres dans tous les climats, où les peuples ont eſté aſſés heureux pour ſe ſoumettre à leurs douces loix : elles ont, pour les récompenſer, élevé leurs ames, adouci leurs mœurs, & orné leurs eſprits; elles leur ont découvert les cauſes d'un nombre infini d'effets, qui les tenoient dans une continuelle admiration : ce ſont elles enfin qui leur ont ouvert les yeux ſur les veritables richeſſes, qui ſeules peuvent remplir, & doivent contenter le cœur de l'homme.

La France & l'Italie ſont les deux Païs, où les Academies ſe ſont renduës les plus recommandables: celle de

Caen fut fameufe dés fa naiffance par le grand nombre de Sçavans en tout genre de Litterature, dont elle étoit compofée. A la verité c'étoit un édifice, dont les materiaux étoient précieux, mais qui avoit efté fondé fur le fable; auffi l'avez vous vû tomber plufieurs fois, & fe relever fur fes ruines. Monfieur de Segrais avoit dans la fuite, comme un autre Amphion, raffemblé au fon de fa lyre les pierres éparfes de ce bâtiment, mais il falloit qu'Apollon y mît la derniere main pour lui donner la confiftence; c'eft à dire, que le Roi en rendift par des Lettres Patentes l'établiffement d'une durée éternelle.

Quelle reconnoiffance ne doit point à cet Augufté Monarque, un Corps qui reçoit aujourd'hui l'eftre de fa main, & qui fe fent, pour ainfi dire, animé du foufle de fa bouche? Il faut, Meffieurs, efperer que la Campagne prochaine vous donnera de nouvelles occafions de figna-ler votre zêle pour fa gloire, & que ce Prince incom-parable forcera la Fortune à favorifer les projets que fon vafte genie aura formés, & que fa prudence aura concertés.

Vous avez auffi, Meffieurs, de fingulieres obligations à Monfieur le Chancelier, qui ne s'eft pas contenté de mettre le fçeau à votre établiffement, mais qui s'en eft rendu lui-même le folliciteur auprés du Prince; & qui auroit obtenu des privileges en votre faveur, fi le Roi ne s'étoit declaré qu'il n'en accorderoit à aucune Academie, & ne les avoit refufés tout récemment à celles des Scien- ces & des Infcriptions.

Cet illuftre Chef de la Juftice, auffi ennemi de la fla- terie, qu'il eft au deffus de la loüange propre, refufe juf- ques au tribut de notre reconnoiffance ; il eft cependant bien jufte que le Public connoiffe que nous ne paroiffons méconnoiffans, que parce que nous avons une obeiffance aveugle à fes Ordres, & que nous craignons de lui déplaire.

Voila donc, Meffieurs, votre Academie folidement fondée fur la réputation de vos Prédeceffeurs, fur l'opi- nion que le Public a conçûe de vous, & fur l'autorité du Roi. C'eft de vos Ouvrages, & de votre affiduité que dépend fa durée ; c'eft à vous, dis-je, de faire enforte que cet édifice ne tombe plus, faute d'eftre entretenu.

Vous ne devez pas craindre que Monfieur de Croifilles abandonne les Mufes, aprés leur avoir accordé fi gene- reufement fa maifon pour azile : votre intereft & celui de tous les Gens de Lettres répondront de la reconnoif- fance que cette Compagnie confervera éternellement pour fon Bienfacteur.

Au furplus, qu'une noble émulation anime vos efprits, & répande dans leurs productions un feu, qui porte par tout fa lumiere, & qui vous faffe aller de pair avec les

Academies les plus floriſſantes. Vous n'avez qu'à rappeller l'idée du merite de vos Ayeux, dont la memoire ne mourra jamais; leur ſang, qui a paſſé dans vos veines, ne doit pas avoir perdu ſon ſel & ſes eſprits; il ne faut que les reveiller; s'ils ſont aſſoupis, ils reprendront leurs premieres forces, & le Public verra avec joie revivre ces ſçavans Hommes en vos perſonnes.

Quoique votre Aſſemblée ſoit inſtituée ſous le titre d'Academie des Belles Lettres, il ne faut pas cependant negliger la pureté de la Langue dans vos Ecrits; l'oreille veut eſtre ſatisfaite auſſi bien que l'eſprit; un mot barbare ou impropre, une phraſe mal conſtruite, une periode embarraſſée ſont capables d'affoiblir la penſée la plus ſolide, & d'émouſſer la pointe de la plus brillante.

Vous travaillerez pour la gloire de votre Patrie, autant que pour la vôtre propre, lorſque vous arracherez les chardons, qui naiſſent dans les meilleures terres, quand elles ſont negligées. Communiquez vos Ouvrages à ceux qui s'attachent à rendre leurs expreſſions correctes; ils pourront profiter de vos penſées, comme vous profiterez de leur ſtile : c'eſt ainſi que par un heureux échange vous vous perfectionnerez reciproquement, & que la critique n'aura aucune priſe ſur vos Ouvrages.

Le Roi m'ayant commis le ſoin de nommer les Sujets, qui doivent compoſer cette Aſſemblée, j'ai choiſi ceux qui m'ont paru les plus affidus à nos Conferences, & qui ont marqué plus de zêle pour la gloire de l'Academie : ainſi je n'ai retranché que ceux, qui par leurs frequentes abſences ont donné à connoître qu'ils ſe faiſoient peu d'honneur de leur aſſociation à une Aſſemblée que l'amour des Belles Lettres a formée; ils ne doivent donc ſe prendre qu'à eux-mêmes de leur excluſion. Nous avons ſubſtitué à leurs places d'autres perſonnes, qui ſans doute ſe feront une obligation plus étroite de remplir les fonctions d'Academiciens, & de confirmer l'opinion que leur reputation nous a donnée de leur merite.

Vous entendrez enfin, Meſſieurs, par la lecture des Lettres Patentes & des Statuts, qu'il n'a eſté apporté aucun changement aux loix, ſous leſquelles vos premieres Aſſemblées ont eſté tenuës; le Roi a bien voulu les confirmer; vous vous y eſtes par avance & volontairement ſoumis, il n'y a pas d'apparence que vous vouluſſiez reclamer contre vos vœux.

REPONSE

De Monsieur le Président de Croisilles, Directeur de l'Academie de Caen, au Discours de Monsieur Foucault, prononcé le jour de l'Ouverture le deux Mars 1705.

QUELLES paroles, Messieurs, puis-je trouver aflés fortes, pour vous exprimer la joie que je reffens de voir recommencer cette Academie compofée de tant de Perfonnes celebres? & quelles graces pouvons-nous rendre à fon illuftre Protecteur, d'avoir employé fes foins & fon credit auprés de Sa Majefté pour faire autorifer nos affemblées? Non content de les honorer de fa prefence, ce grand Magiftrat vient d'en faire l'Ouverture par un Difcours auffi delicat & poli, que rempli d'érudition & s'il nous y a fait connoître fon amour pour les Belles Lettres, il n'a pas moins témoigné fon affection envers ceux qui les cultivent. Il ne nous refte point de termes,

B

Monſieur, qui ne ſoient au deſſous des obligations que nous vous avons; vous ne devez attendre de cette Compagnie que de tres humbles reconnoiſſances : que pourrions nous ajoûter à tant d'éloges qu'on a fait de vous? Ce que Sa Majeſté a prononcé elle-même en vôtre faveur; les marques de diſtinction qu'elle vous a données; les emplois qu'elle vous a confiez dans ſes diverſes Provinces; la dignité de Conſeiller d'Etat où elle vous a élevé; les Lettres même d'Erection de cette Academie, dont nous venons d'entendre la lecture, accordées en vûe de votre zêle, & de votre fidelité à ſon ſervice; tant de témoignages, dis-je, de ſa bonté pour vous, Monſieur, ſont autant de Panegyriques que nous n'oſons retracer, de crainte d'en affoiblir l'éclat; on ne peut qu'applaudir à de ſi juſtes loüanges. Qui ne vous admirera, Monſieur, lorſque par les mêmes routes du grand Cardinal de Richelieu vous vous élevez comme lui à l'immortalité? Chargé qu'il étoit du poids de l'adminiſtration du Royaume, il forma le deſſein de l'établiſſement de l'Academie Françoiſe; il ne dédaigna pas de donner ſes ſoins & ſon application à cet Ouvrage, & le temps a fait voir qu'il ne pouvoit rien faire de plus propre à éterniſer ſon nom. Vous, Monſieur, au milieu des affaires de cette Province, plus nombreuſes que jamais, vous donnez à la vôtre des fondemens ſolides; vous prêtez votre main pour en rendre l'édifice inébranlable, par les sages loix que vous nous avez prescrites : c'est ainsi, Monsieur, que vous ne vous délassez de vos grandes occupations, que par une application continuelle à la culture des Belles Lettres, & à la recherche des plus curieux monumens de l'Antiquité, qui conservent la memoire des Grands Hommes qui ont regné sur la terre : on sçait le tresor prodigieux que vous en avez ramassé dans ce rare cabinet, qu'on ne peut loüer plus dignement que par ces deux vers, que je tire d'une dissertation nouvelle qui vous est adressée :

Insignes quoscumque tulit per sæcula tellus,
Una... vivos hæc tenet arca viros.

Les Hommes Illustres que la Ville de Caen a produit, & ceux qui viendront encore dans la suite des Ages, vous devront, Monsieur, le même avantage : l'établissement de l'Academie éternisera leurs noms ; ce que les premiers, qui ont formé ces assemblées Academiques depuis cinquante ans, avoient desiré inutilement, vous l'avez heureusement achevé. La maison de Monsieur de Brieux, sçavant Magistrat, fut son berceau ; ces Hommes fameux, Grentesmesnil, Bochart, Halley, Premont, Viquement, de Callieres, Garaby la soûtinrent quelque temps avec éclat ; mais leur nom qui fut porté dans les Païs étrangers par le Comte de Selts Allemand, qui s'étoit crû honoré d'estre du nombre des Academiciens, n'empêcha pas l'Academie

de tomber par la mort du fçavant Magiftrat chez qui elle
avoit pris naiffance. Relevée par Monfieur de Segrais,
lorfque de retour dans fa patrie il refolut d'y paffer le refte
de fes jours, nous l'avons vûë encore éprouver le même
fort en perdant ce Reftaurateur, quoiqu'il euft tant de
paffion pour elle, qu'il fouhaita qu'elle fuft continuée dans
fa maifon aprés fa mort.

Nous avons tâché d'executer fes deffeins, vous y eftes
entré obligeamment, Monfieur; & pour témoigner l'honneur que vous faites à fa memoire, vous avez agréé d'eftre
le Protecteur de cette nouvelle Compagnie; vous en avez
choifi les membres; vous en avez dicté les ■; c'eft vous
qui l'animez par votre efprit, qui lui infpirez cette noble
ardeur pour les Lettres, qui lui promet une plus longue
durée, & qui la rendra peutêtre un jour auffi venerable
que ces anciennes Academies d'Athenes, dont il eft parlé
dans Plutarque; que la haine des Lacedemoniens refpecta
au milieu même des fureurs de la guerre, tandis qu'ils
n'épargnoient pas les plus magnifiques Temples des
Dieux. Quel heureux préfage pour elle, Monfieur, de
devoir fon affermiffement au fouverain Chef de la Juftice,
à ce nouveau Mecene, dont les grandes qualités qu'il
couvre par une moderation encore plus eftimable, feront
douter à la Pofterité, qui merita mieux l'amour des Sçavans, ou celui dont les confeils firent le bonheur de Rome

fous fon Augufte, ou celui qui par fa prudence fecon-
dant les grands deffeins de l'Augufte de la France, eft
comme le dernier trait qui acheve le parallele de deux
régnes, qui peutêtre n'auront jamais leur femblable. C'eft
à ce digne Miniftre, Monfieur, que vous venez de nous
faire entendre que nous devons l'honneur de former dans
cette Ville un Ordre nouveau, un Corps diftingué, autorifé par le plus grand des Rois, dont les vertus éminentes
feront toûjours le fujet de notre admiration & de nos
loüanges. Mais aprés que nous aurons celebré dans nos
affemblées fa fageffe profonde, la protection qu'il accorde
à des Rois détrônés; que nous l'aurons reprefenté toûjours Augufte, toûjours Grand; aprés que nous aurons
publié la gloire des Heros fes defcendans, qui doivent
donner des maîtres à toute l'Europe; quelle occupation
plus chere peut avoir notre Academie, que de rendre à la
memoire de fon Reftaurateur les juftes loüanges qu'il
merite? Elle le fera, Monfieur, dans les plus beaux jours
de fes fêtes; & les Filles de Memoire conferveront éternellement le fouvenir de votre nom dans cette Ville, où
elles ont toûjours efté particulierement cultivées : dans
cette Ville, dis-je, qui déja fameufe par la naiffance de
Malherbe, & d'une infinité d'autres Grands Hommes, ne
fe croit pas moins honorée par votre protection, & par
l'établiffement que vous lui procurez, dont nous avions

perdu l'efperance en perdant le celebre Mr de Segrais.

Qu'il fuft encore parmi nous, cet homme fi refpecta-
ble, toûjours fi honoré dans fa patrie, & fi plein d'amour
pour elle! il y verroit fes vœux accomplis : quel charme
pour lui d'y contempler ce Temple de Memoire élevé
par les mêmes mains, entre lefquelles il avoit remis fes
dernieres volontés! de le voir fe remplir d'une fucceffion
d'hommes de merite, qui confacrent leurs veilles à la pureté de la langue, & à la perfection des fciences!

Orateurs, Poëtes, Hiftoriens, fans diftinction de rang,
ni de dignité, vont concourir à ce noble deffein : Minerve
& Themis qui fe joignent à eux, les affûrent de leur fecours
& de leur protection. Pour moi, Meffieurs, qui ne me fens
ni le merite, ni les qualités requifes pour de fi grands ouvrages, à quoi puis-je attribuer l'honneur que vous m'avez fait
de me nommer Directeur de cette fçavante Compagnie,
qu'à l'effet de la complaifance que vous avez pour un homme, qui vous ouvre fon cœur tout penetré de refpect pour
vous, & de zêle & d'ardeur pour la gloire du lieu de fon ori-
gine ? Cependant, Meffieurs, quelque perfuadé que je fois
de ma foibleffe, dans l'efperance que j'ai d'acquerir parmi
vous les qualités qui me manquent, & de profiter dans une
fi belle école, j'obéis à vos volontés, pour vous marquer la
déférence que j'ai pour tant de perfonnes de merite, à qui
je ferai toute ma vie obligé de l'honneur qu'elles me font.

LISTE des Academiciens de la Ville de Caen,
année 1705.

Monfieur FOUCAULT, Confeiller d'Etat, Intendant en
la Province de Normandie, Generalité de Caen,
Protecteur.

MESSIEURS

De Croifilles, Prefident au Prefidial de Caen, Directeur.

De Canchy, Lieutenant General, & Maire de la Ville
de Caen.

Dauval.

De Colleville, ci-devant Confeiller au Parlement
de Roüen.

Defyveteaux.

De Charfigné, Procureur du Roi au Bureau des Finances.

De Chaulieu.

De Noyers, Lieutenant General de Police.

Du Mefnilguillaume.

De Mons, Colonel du Regiment de Caen.

De Verricres.

Dentremont.

De Saint Clou.

Maloüin, Docteur en Théologie, Curé de Saint Eftienne,
Provifeur du College du Bois.

Belin, Curé de Blainville, Secretaire de l'Academie.

Aubert, Profeffeur de Philofophie au College des Arts.

Goüet du Hamel, Professeur de Philosophie au College du Bois.

Gaultier, Prêtre.

Le Vigneur, Prêtre.

Le Petit, Docteur & Professeur aux Droits.

De la Ducquerie pere, Docteur & Professeur Royal en Medecine, ancien Doyen de la Faculté.

De la Ducquerie fils, Docteur & Professeur Royal en Medecine.

Galland.

Hebert, Lecteur.

Hallot, Professeur de Rhetorique au College du Bois, Recteur de l'Université.

Le Chartier, Professeur au College du Bois.

Bence.

Feron, Docteur aux Droits, & Avocat au Presidial.

De la Doüespe, Avocat.

SURNUMERAIRES.

Le Pere Thibault, Prieur de l'Abbaye de Saint Estienne.

Le Pere Servole, Prêtre de l'Oratoire.

Le Pere de Vitry, de la Compagnie de Jesus.

Le Pere Martin, Docteur de Sorbonne, Exprovincial des Cordeliers.

Le Pere Caron, Jacobin.